Sitzungsberichte
der Akademie der Wissenschaften
der DDR
Mathematik–Naturwissenschaften–Technik

Jahrgang 1990 · Nr. 7/N

**Heinz Kautzleben**

# Aufgaben und Ergebnisse der Kosmosforschung

AKADEMIE-VERLAG BERLIN
1990

Vortrag vor dem Plenum der Akademie der Wissenschaften der DDR von Heinz Kautzleben, Ordentliches Mitglied der AdW der DDR, am 23. Februar 1989

Herausgegeben im Auftrage des Präsidenten der Akademie der Wissenschaften der DDR von Vizepräsident Prof. Dr. Hans-Heinz Emons

ISBN 3-05-500 852-9
ISSN 0138-3965
Erschienen im Akademie-Verlag Berlin, Leipziger Straße 3–4, Berlin, DDR-1086

Printed in the German Democratic Republic
Gesamtherstellung: Druckhaus Köthen GmbH
LSV 3875
Bestellnummer: 764 159 3 (2010/90/7/N)

## 1. Einführende Bemerkungen

Einrichtungen der Wissenschaft, der Industrie und weiterer gesellschaftlicher Bereiche der DDR beteiligen sich seit Beginn der sog. kosmischen Ära an der Erforschung und friedlichen Nutzung des Weltraumes mit Hilfe der Raumfahrt. Die ersten Beiträge wurden von Astronomen, Geodäten und interessierten Amateuren durch die Beobachtung von Sputnik 1 auf seiner Umlaufbahn um die Erde mit Hilfe von astronomischen Fernrohren und die schnellstmögliche Übermittlung ihrer Meßergebnisse an die Zentrale im Astronomischen Rat der AdW der UdSSR in Moskau geleistet.

An die Stelle der damaligen Begeisterung ist sehr bald auch in den Einrichtungen der DDR die nüchterne Überlegung getreten, die Raumfahrt für Wissenschaft und Praxis so effektiv wie möglich zu nutzen.
Im Verlaufe einer jeweils relativ kurzen Zeit haben sich in der DDR dabei folgende stabile Gebiete herausgebildet:

1. Die fachlich zuständigen volkswirtschaftlichen Bereiche bzw. staatlichen Dienste der DDR nutzen die erreichbaren kosmischen Systeme für die Aufgaben des Nachrichtenwesens, für den Wetterdienst, für Aufgaben der Navigation und des Vermessungswesens sowie für Aufgaben der Erkundung und Überwachung der Naturressourcen und der Umwelt. Die Nutzung ist durch wissenschaftliche Arbeiten, vor allem in Einrichtungen der Akademie der Wissenschaften initiiert und vorbereitet worden. Sie erfolgt seit Jahren unter ökonomischen Gesichtspunkten und bringt vielfältige praktische Vorteile, die anderweitig nicht erreichbar sind. Die Formen und Methoden sind dabei vielgestaltig. Eng verbunden damit sind Forschungen zur Weiterentwicklung der Methodik und zur Erlangung hauptsächlich der erforderlichen Bodenausrüstungen.

2. Wissenschaftliche Einrichtungen der DDR beteiligen sich an der Nutzung kosmischer Systeme, insbesondere derjenigen der UdSSR, um den Zugang zu den modernsten Ergebnissen und Erfahrungen auf den für Forschungsaufgaben relevanten Fachgebieten zu sichern und dabei die spezifischen Bedürfnisse der DDR zu erfüllen. Das betrifft speziell die Einrichtun-

gen, die auf dem Gebiet der Geo- und Kosmoswissenschaften tätig sind, sowie Einrichtungen, die aus der Beteiligung Vorteile für die Entwicklung und Anwendung relevanter Hochtechnologien ziehen können.

3. Industriekombinate übernehmen von Fall zu Fall ökonomisch und technologisch interessante Aufträge zur Lieferung von Ausrüstungen für kosmische Systeme und von zugehörigen Bodenausrüstungen. Die Kombinate benötigen hierfür technisch-technologische Vorlaufforschungen und gegebenenfalls wissenschaftlich-technische Kooperationsleistungen. Günstige Ergebnisse konnten bisher mit Lieferungen von Fernerkundungstechnik, Bildverarbeitungstechnik sowie astronomischen Spezialausrüstungen an die UdSSR erzielt werden.

Um einen möglichst großen Nutzen für Wissenschaft und Volkswirtschaft zu erreichen, sind seitens der beteiligten Einrichtungen der DDR mehrere Aspekte zu beachten. Die drei wichtigsten sind:

1. der globale Charakter der Raumfahrt,
2. die bedeutende technisch-ökonomische Leistungsfähigkeit der kosmischen Systeme für die Gewinnung und Übertragung von Daten und Informationen und
3. die umfassende Anwendung von Ergebnissen der Hochtechnologieentwicklung

Diese drei Aspekte bedingen, daß nur die größten, ökonomisch und technisch leistungsfähigsten Staaten eigene vollständige kosmische Programme unterhalten: Das sind z. Z. die USA, die UdSSR, die westeuropäische Staatengruppe in Form der ESA und Japan. Die genannten Aspekte machen verständlich, daß weitere Staaten eigene partielle kosmische Programme durchführen. Dazu gehören Frankreich. Großbritannien, BRD, Kanada, China, Indien, Brasilien. Insbesondere wegen der beiden letztgenannten Aspekte bemühen sich zahlreiche weitere Staaten ebenso wie die DDR mit punktuellen Beiträgen um die Teilnahme an den großen nationalen Programmen und deren Nutzung entsprechend ihren spezifischen Bedürfnissen und Interessen.

Es ist ganz offensichtlich, daß kleine Staaten wie die DDR nur bei geschickter internationaler Kooperation die möglichen Vorteile aus der Nutzung kosmischer Systeme erzielen können. Die DDR kann das vor allem durch Bindung an das kosmische Programm der UdSSR (über bi- und multilaterale Abkommen) erreichen. Selbstverständlich ist das nur möglich, wenn seitens der DDR hohe Leistungen eingebracht werden, die auch für die UdSSR vorteilhaft sind.

Im folgenden möchte ich einige Ergebnisse der Kosmosforschung der DDR vorstellen, die speziell in den Instituten des Gebietes Geo- und Kosmoswissenschaften der AdW bei Mitwirkung anderer Institute der AdW und von

Inlandspartnern in den letzten Jahren erzielt wurden. Es sollen auch die Aufgaben dargelegt werden, die von der Kosmosforschung der DDR in nächster Zeit zu lösen sind.

Mit dem Begriff „Kosmosforschung" soll hier die Gesamtheit aller wissenschaftlichen Arbeiten bezeichnet werden, die zur Erforschung und Nutzung des Weltraumes unter Einsatz kosmischer Systeme notwendig sind.

Es sind also, wie auch international üblich, die Forschungen zur Entwicklung der erforderlichen technischen Mittel in diesen Begriff einbezogen.

Zu allererst soll nachdrücklich festgestellt werden, daß alle Arbeiten zur Kosmosforschung in der DDR ausschließlich friedlichen Zwecken dienen, daß unsere Forschung ein Beitrag gegen die einseitige Aneignung des Weltraumes für seinen militärischen Mißbrauch ist und der entspannungsfördernden internationalen Zusammenarbeit zum Wohle der gesamten Menschheit gewidmet ist.

Die Teilnahme der DDR an der Erforschung und Nutzung des Weltraumes wird vor allem durch die enge Zusammenarbeit mit den Einrichtungen der Kosmosforschung der UdSSR ermöglicht, die über bi- und multilaterale Abkommen gesichert ist.

Von zentraler Bedeutung für alle wissenschaftlichen Arbeiten durch Einrichtungen der DDR ist dabei das Programm „Interkosmos".

Es wurde als multilaterales Regierungsabkommen der sozialistischen Länder 1976 abgeschlossen, nachdem es bereits seit 1966 auf der Ebene der Akademien praktiziert worden war. Im Rahmen von 5 ständigen Arbeitsgruppen umfaßt das Programm Interkosmos gemeinsame wissenschaftliche Arbeiten in folgenden Hauptrichtungen:

a) Kosmische Physik (das sind Forschungen der Astrophysik, zur Erforschung des Sonnensystems, zur Geophysik, jeweils natürlich gestützt auf kosmische Systeme)

b) Kosmische Materialwissenschaften

c) Kosmische Biologie und Medizin

Die Hauptrichtungen b) und c) umfassen vorrangig experimentelle Untersuchungen, die in den sowjetischen Orbitalstationen durchgeführt werden.

d) Kosmische Geodäsie

e) Kosmisches Nachrichtenwesen

f) Kosmische Meteorologie

g) Fernerkundung der Erde

Die Arbeiten in diesen 4 Hauptrichtungen d) bis g) sind auf die Vorbereitung von kosmischen Dienstsystemen, auf methodische Arbeiten zur besseren Nutzung einschließlich der Demonstration von praktischen Anwendungsmöglichkeiten gerichtet.

h) Entwicklung der Boden-Infrastruktur + das umfaßt Arbeiten zum Aufbau der Bodensegmente der kosmischen Systeme der UdSSR speziell für die

Nutzung zu wissenschaftlichen Experimenten im Rahmen des Interkosmos-Programms

i) Mitwirkung an der bemannten Weltraumfahrt.

Der Vorzug des Interkosmos-Abkommens besteht darin, daß es die aktive Teilnahme an allen für die DDR wichtigen Richtungen der Kosmosforschung ermöglicht. Damit ist die Forderung verbunden,

1. die Bodenausrüstungen zum Empfang und zur Verarbeitung der gewonnenen Informationen in den integrierten Einrichtungen sich selbst zu schaffen,
2. Geräte und Ausrüstungen für das jeweilige kosmische Experimental- oder Dienstsystem der UdSSR zu entwickeln und in den betreffenden Teilen des Systems aufzustellen. Es ist offensichtlich, daß hierbei von den beteiligten Einrichtungen der DDR die wissenschaftlich-technischen Vorgaben seitens der UdSSR exakt eingehalten werden müssen. Die internationale Kooperation muß exakt funktionieren.

## 2. Nutzung kosmischer Systeme für volkswirtschaftliche Aufgaben

Zunächst sollen die Richtungen der Kosmosforschung dargestellt werden, in denen seitens der DDR eine Nutzung kosmischer Systeme für volkswirtschaftliche und gesamtstaatliche Aufgaben erfolgt und in denen die weiteren wissenschaftlichen Arbeiten darauf gerichtet sein müssen, die Nutzung noch effektiver zu gestalten und weiter auszubauen.

### *2.1. Nachrichtenwesen*

An erster Stelle steht dabei die Nutzung kosmischer Systeme für das Nachrichtenwesen. Hierfür ist in der DDR das Ministerium für Post- und Fernmeldewesen verantwortlich. Bestimmte Forschungen werden in geringem Umfang auch in der AdW durchgeführt.

Das kosmische Nachrichtenwesen wird international bereits seit vielen Jahren auf kommerzieller Basis betrieben. Die DDR ist Mitglied im System Intersputnik, wirkt mit im Internationalen Fernmeldeverein (nutzt dabei u. a. das System Intelsat) und nutzt in wachsendem Maße das System Inmarsat.

Bei den beiden erstgenannten Systemen erfolgt der Nachrichtenaustausch über das Weltraumsegment der Übertragungskette zwischen den zentralen Bodenempfangs- und Sendestationen der beteiligten Nachrichtenverwaltungen. Die Öffentlichkeit wird nicht direkt mit dem Weltraumsegment konfrontiert. Beim System Inmarsat ist das bereits etwas anders. Hierbei erhalten die angeschlossenen Schiffe jeweils eine sog. Schiffsfunkstelle, die direkt mit dem Weltraumsegment in Verbindung tritt. Landseitig erfolgt die Verbindung über einige weltweit verteilte Erde-Funkstellen, die in konventioneller Weise mit den Fernmeldesystemen der beteiligten Länder verbunden sind.

Seit über 10 Jahren wird international und auch in der DDR (im Rahmen des Interkosmos-Programms) intensiv daran gearbeitet, sog. nationale Satellitenrundfunkdienste aufzubauen, bei denen jeder öffentliche Nutzer mit Hilfe entsprechender Ausrüstung direkt die Übertragung vom Weltraumsegment empfangen kann. Die erforderlichen Empfangsanlagen stellen Konsumgüter dar, die den Erfordernissen einer Massenfertigung ebenso genügen müssen, wie den durch den Konsumgütermarkt gesetzten Kosten- und Preisgrenzen. Hier sind prinzipiell neue Technologien erforderlich. Als Weltraumsegmente für diese Satellitenrundfunkdienste werden geostationäre Satelliten eingesetzt, die mit hoher Genauigkeit positioniert und in ihrer Position stabilisiert werden müssen und die einen exakt begrenzten Ausleuchtbereich gewährleisten.

Die in Einrichtungen der DDR durchgeführten Forschungen betreffen spezielle technische Probleme, auf die aus Platzgründen hier nicht weiter eingegangen werden kann. Hierzu gehören auch Forschungen des Instituts für Kosmosforschung zur Weiterentwicklung des Wetterbildempfanges und zur Übertragung von digitalisierten Fernerkundungsaufnahmen mit extrem hoher Datendichte über Satelliten.

### 2.2. *Wetterdienst*

Ebenso weit entwickelt und stabil wie die Nutzung für das Nachrichtenwesen ist in der DDR die Nutzung kosmischer Systeme für den Wetterdienst. Hierfür ist in der DDR das Ministerium für Umweltschutz und Wasserwirtschaft, speziell der Meteorologische Dienst der DDR, verantwortlich. Bei der Entwicklung und Nutzung der kosmischen Meteorologie besteht vom ersten Tage an eine fruchtbare Zusammenarbeit zwischen dem Meteorologischen Dienst und der AdW der DDR, speziell dem Institut für Kosmosforschung (IKF). Der von den beteiligten Einrichtungen der DDR auf diesem Gebiet erreichte Leistungsstand hat international einen guten Ruf. Seitens der verantwortlichen Einrichtungen der UdSSR, das ist der Hydrometeorologische Dienst der UdSSR mit seinen Forschungszentren, werden hohe Erwartungen und Anforderungen an die DDR zur Mitwirkung und Ausgestaltung des betreffenden kosmischen Systems der UdSSR gerichtet. Das beruht nicht zuletzt auf von der DDR erreichten Leistungen bei den Experimenten, die zur Sondierung der Erdatmosphäre mit Hilfe von Fourier-Spektrometern an Bord von sowjetischen Satelliten des Types „Meteor" Ende der 70er Jahre durchgeführt wurden.

Die routinemäßige Verwendung satellitenmeteorologischer Daten für die Wetterprognose und für die weitere Erforschung der Atmosphäre ist seit Jahren nicht mehr aus der Praxis der entsprechenden Dienste und Forschungseinrichtungen wegzudenken. Kommerzielle Aspekte spielen dabei bisher noch keine Rolle. Die internationale Zusammenarbeit, die die Gewinnung und den Austausch der Daten einschließt, wird straff und zum Vorteil für alle Beteiligten von der Meteorologischen Weltorganisation (WMO) geleitet und koordiniert.

Durch den Einsatz der kosmischen Systeme werden mehrmals täglich flächendeckende bildhafte Informationen recht geringer Auflösung von der Oberfläche der Atmosphäre im Spektralbereich des sichtbaren Lichtes und des nahen Infrarots sowie durch spektrometrische Sondierung Vertilkalprofile von atmosphärischen Parametern verfügbar. Diese Daten können von den Empfangseinrichtungen der Wetterdienste direkt von den meteorologischen Satelliten empfangen werden. Derartige Satelliten bewegen sich auf optimierten Umlaufbahnen (bevorzugt werden geostationäre und polumlaufende Bahnen). Die Satellitendaten werden operativ mit der Vielzahl von weiteren Daten verbunden, die kontinuierlich von weltweit verteilten Bodenstationen gemessen werden.

Die damit erreichte Erweiterung der Datenbasis und die großen Fortschritte bei der Entwicklung von numerischen Modellen für die atmosphärischen Prozesse haben es ermöglicht, daß die Wettervorhersage auf der Nordhalbkugel im Verlauf des letzten Jahrzehnts von zwei bis drei auf fünf Tage ausgedehnt werden konnte und daß der Anteil schlechter Vorhersagen über 24 Stunden von 25 auf 5% und über 72 Stunden von 40 auf 20% gesenkt werden konnte.

Die in der DDR zur kosmischen Meteorologie laufenden Forschungen hatten und haben schwerpunktmäßig das Ziel, 1. die Methoden zur Nutzung meteorologischer Satelliten zu verbessern und 2. Bodenanlagen für den Empfang und die Verarbeitung der satellitenmeteorologischen Daten zu entwickeln, die den jeweils modernsten meteorologischen Satelliten optimal angepaßt sind. Hinzu kommen noch Arbeiten, die auf Wunsch der sowjetischen Partner und gemeinsam mit ihnen zur Weiterentwicklung des relevanten kosmischen Systems der UdSSR durchgeführt werden. Letztere betreffen insbesondere die Weiterentwicklung und Bereitstellung von Infrarot-Fourier-Spektrometern für die Vertikalsondierung der Erdatmosphäre.

Hier möchte ich lediglich auf die Arbeiten zur Entwicklung von Bodenanlagen für den Empfang und die Verarbeitung von Wetterbildern eingehen. Diese Arbeiten haben in der AdW der DDR, speziell im IKF, bereits eine relativ lange Tradition. Die modernste Entwicklung des IKF ist das modulare System WES-3 für Satelliten-Wetterbild-Stationen. Es ist geeignet für den

Empfang, die Speicherung und die Bildverarbeitung der Daten aller meteorologischen Satelliten, deren Einsatz von der WMO koordiniert wird. Das sind geostationäre Satelliten vom Typ METEOSAT und in niedrigen Höhen polumlaufende Satelliten vom Typ TIROS-N. Dabei sind digitalisierte hochaufgelöste Bilder zu empfangen und zu verarbeiten.

Für die weitere Entwicklung der Forschungsarbeiten erweist es sich als immer mehr erforderlich, daß die Zusammenarbeit mit der UdSSR auf dem Gebiet der kosmischen Meteorologie enger mit den gemeinsamen Arbeiten zur Fernerkundung der Erde verbunden wird. Die bisher getrennte Bearbeitung hatte durchaus objektive inhaltliche und methodisch-technische Gründe. Darüber hinaus gab und gibt es strukturell-organisatorische Schwierigkeiten, die nur mit größten Anstrengungen überwunden werden können.

### *2.3. Fernerkundung der Erde*

In der DDR bilden eine Hauptrichtung der Kosmosnutzung und -forschung die Arbeiten zur Fernerkundung der Erde.

Im internationalen Maßstab und auch bei uns versteht man darunter die Gewinnung und Auswertung bildhafter Aufnahmen von Teilen der Erd- und der Wasseroberflächen in mehreren Spektralbereichen: sichtbares Licht und nahes Infrarot, fernes (thermisches) Infrarot und Mikrowellenbereich. Es werden thematisch optimiert photographische, optoelektronische bzw. Mikrowellen-Verfahren eingesetzt. Charakteristisch für Fernerkundungsaufnahmen ist die hohe geometrische Bodenauflösung. Die eingesetzten Satelliten bewegen sich auf optimierten Umlaufbahnen. Die Vorteile der Fernerkundung der Erde von Satelliten aus sind:

1. die synoptische Überdeckung großer Flächen, die leicht größere thematische Zusammenhänge erkennen läßt, und 2. die Informationen werden sehr rationell gewonnen und sind in technischer Hinsicht optimal an rechnergestützte Geoinformationssysteme angepaßt. Die vom Satelliten gelieferten Daten werden gewöhnlich für ausgewählte begrenzte Regionen ausgewertet, jedoch ist auch eine großregionale und weltweite synoptische Auswertung möglich. Die größten Probleme bei der satellitengestützten Fernerkundung der Erde bestehen darin, daß die entsprechenden Daten effektiv nur bei enger Verbindung mit den zum jeweiligen Thema mit konventionellen, bodengestützten Methoden gewonnenen Informationen ausgewertet werden können. Vom Standpunkt der Informatikforschung aus geht es dabei um die Entwicklung und Anwendung von spezifischen Expertensystemen.

In der DDR wird zur Fernerkundung der Erde intensiv und in voller Breite seit Anfang der 70er Jahre gearbeitet. Die entsprechende Arbeitsgruppe des Interkosmos-Programms wurde 1975 gebildet. Im Ergebnis dieser Arbeiten wurde erreicht, daß die volkswirtschaftliche Nutzung der Fernerkundung seit Ende der 70er Jahre erfolgt. Hauptsächliche Anwendungen sind: Topographische Übersichtskarten, geologische Kartierung, Erkundung von forstlichen und agrarischen Geosystemen, Überwachung von Umweltveränderungen. Vorbereitet wird die Überwachung der Meeresoberfläche.

Für die volkswirtschaftliche Anwendung der Fernerkundung in der DDR ist charakteristisch, daß die entsprechenden Geräte und Verfahren vielfach von hochfliegenden Flugzeugen aus angewendet werden. Die von Satelliten aus gewonnenen Aufnahmen dienen zur Ergänzung, zur Erweiterung der Übersicht und zur Einordnung der im Staatsgebiet der DDR bestehenden Situation in den überregionalen Zusammenhang. Es sind zahlreiche Einrichtungen beteiligt; für die erforderlichen Forschungsarbeiten sind häufig die Einrichtungen der AdW federführend.

Zu erwähnen ist, daß die internationale wissenschaftliche Zusammenarbeit auf dem Gebiet der Fernerkundung sich in vielfältiger Weise vollzieht. Es befassen sich damit sowohl die thematisch zuständigen Organisationen als auch die auf die Kosmosforschung und Kosmosnutzung spezialisierten Abkommen. Das gilt auch für die Forschungskooperation mit der UdSSR und den anderen RGW-Staaten. Diese Vielfalt der organisatorischen Beziehungen wirkt sich nicht selten effektivitätshemmend aus.

Aus den bestehenden internationalen Beziehungen ist ersichtlich, daß die von uns verfolgten Forschungsrichtungen dem internationalen Entwicklungstrend entsprechen.

Im Rahmen des Programms Interkosmos werden seitens der DDR drei Schwerpunkte bearbeitet.

1. Durchführung von internationalen Komplexexperimenten auf Testgebieten,

2. Entwicklung von rechnergestützten Geoinformationssystemen bei bevorzugter Nutzung von Fernerkundungsdaten und

3. Vorbereitung und Durchführung von Experimenten auf der Orbitalstation MIR zur Fernerkundung der Erd- und Wasseroberflächen, einschließlich des Einflusses der Erdatmosphäre, mit neuentwickelten abbildenden spektrometrischen Aufnahmesystemen.

Hier möchte ich exemplarisch nur auf den 1. und 3. Schwerpunkt eingehen.

Als erstes zur Durchführung von Komplexexperimenten auf Testgebieten: Bei derartigen Experimenten erfolgen von den Testgebieten jeweils gleichzeitig Aufnahmen von Satelliten und von Flugzeugen aus sowie in-situ-Messungen und -Beobachtungen am Boden. Das Ziel ist die Weiterentwicklung der Aufnahme- und der Interpretationsmethode sowie die Schaffung von Applikationsbeispielen für die thematische Nutzung in den interessierten Volkswirtschaftsbereichen.

Am weitesten entwickelt ist zur Zeit die Anwendung der Fernerkundung für struktur-geologische Aufgaben. Intensiv gearbeitet wird an der Anwendung für die Lösung von stofflich orientierten, z. B. geochemischen Problemen. Dazu gehört im Interkosmos-Programm das Projekt „Geologie".

Im Projekt „Festland" werden analoge Experimente zur Untersuchung von Geosystemen durchgeführt. Dabei stehen geographisch-geoökologische Fragen im Mittelpunkt, die für die Anwendung der Fernerkundungstechnologie für die Land-, Forst- und Wasserwirtschaft, den Umweltschutz und die Umweltgestaltung wichtig sind.

Prinzipielle Probleme bestehen gegenwärtig noch bei der Anwendung der Fernerkundungstechnologie für meereskundliche Fragen. Damit befassen sich die Experimente im Projekt „Ozean".

Als Beispiel für diese Arbeiten möchte ich kurz das Experiment „Geoex 86" behandeln, dessen Ergebnisse in diesen Tagen vorgelegt wurden. Es gehört zum Projekt „Festland". Es wurde im Sommer 1986 auf vier Testgebieten in der DDR durchgeführt, die zwei agrotechnische, ein forstliches und ein städtisches Geosystem repräsentieren. Mit diesem Experiment wurde speziell das Ziel verfolgt, Methoden der Systemanalyse von natürlich-technischen territorialen Komplexen auf der Grundlage aerokosmischer Daten im visuellen, infraroten und Mikrowellenbereich zu erarbeiten. Dabei geht es sowohl um die Lagebestimmung, Typisierung und Klassifizierung der Geosysteme als auch um die Untersuchung ihrer Strukturen und der Wechselbeziehungen zwischen ihren Komponenten. Es sollten die Veränderungen der Systeme infolge von natürlichen und anthropogenen Einflüssen festgestellt werden. Mit dem Experiment konnte bestätigt werden, daß die Fernerkundungsdaten für die Untersuchung und Überwachung von Geosystemen unter den im Gebiet der DDR vorliegenden Bedingungen geeignet sind. In den Aufnahmen ist eine Vielzahl dafür nützlicher Daten enthalten. Ihre Interpretation bedarf jedoch erfahrener Experten. Die erforderlichen Geräte sind verfügbar, sie sind jedoch für den Routine-Einsatz noch nicht genügend ausgereift.

Zur Weiterentwicklung der erforderlichen Gerätetechnik wird im IKF an einem experimentellen Aufnahme-System gearbeitet, das vorerst für den Einsatz auf Flugzeugen vorgesehen ist. Damit wird es möglich sein, mit optoelektronischen Mitteln thematisch programmierbar und geometrisch hochauflösend Fernerkundungsdaten zu gewinnen, die für die Erforschung und Überwachung von Geosystemen gut geeignet sind.

*Zum dritten Schwerpunkt – Vorbereitung und Durchführung von Fernerkundungs-Experimenten auf der Orbitalstation MIR:*

Die AdW und speziell das IKF arbeiten seit längerem bereits erfolgreich an der Entwicklung und Nutzung von Spektrometern für die Fernerkundung der Eigenschaften der Atmosphäre und der darunterliegenden Erd- und Wasseroberflächen von Satelliten aus. Dabei handelt es sich um bildgewinnende Aufnahmegeräte, die im sichtbaren Licht und im nahen Infrarot spektral und radiometrisch hochauflösen, während die geometrische Auflösung relativ gering ist. Ein entsprechendes Gerät, das Mehrkanalspektrometer MKS, wurde erstmals 1979 auf dem Satelliten IK-20 für die Fernerkundung der Ozeanoberflächen und des Einflusses der Atmosphäre getestet. Für den Einsatz in bemannten Raumstationen wurde im IKF eine Modifikation davon, das MKS-M, geschaffen. Es wurde auf der Station Salut-7 eingesetzt, und zwar komplex mit der Multispektralkamera MKF6-M bei mehreren Drei-Etagen-Experimenten über Testgebieten im Schwarzen Meer. Das Ziel dieser Experimente war die Ausarbeitung einer Methodik zur Bestimmung der Parameter der Meeresoberflächen und der Atmosphäre. Bei diesen Untersuchungen ist zu beachten, daß die Rückstrahlung der Sonnenstrahlung von der Meeresoberfläche nur schwach und deshalb der störende Einfluß der Atmosphäre relativ groß ist.

Mit diesen Arbeiten wurde wissenschaftlicher Vorlauf für das sowjetische operative System zur Überwachung des Systems Ozean-Atmosphäre geschaffen.

Parallel zum Aufbau eines Dienstsystems, bei dem unbemannte Satelliten genutzt werden, werden von der UdSSR die experimentellen Untersuchungen des Systems Ozean-Atmosphäre von der Station MIR aus weitergeführt. Das IKF erreichte eine Beteiligung daran als erstes durch Bereitstellung eines Gerätes MKS-M. Die nächste umfangreiche Aktivität seitens des IKF, die gegenwärtig begonnen wird, ist die Entwicklung eines modularen optoelektronischen Scanners (MOS) als Beitrag zur Ausstattung eines speziellen Moduls der Orbitalstation MIR mit einem umfangreichen Komplex von Geräten zur Fernüberwachung der Erdoberfläche und der Atmosphäre. Mit diesem Gerätekomplex soll das Projekt „Priroda" verwirklicht werden, das als Beitrag der UdSSR und der beteiligten Länder, also auch der DDR, zum großen internationalen Programm Geosphäre-Biosphäre (Global Change) des ICSU (Internationaler Rat für wissenschaftliche Unionen) vorgesehen wird. Durch die Mitwirkung an diesem Projekt werden den interessierten Einrichtungen der DDR flächendeckend zahlreiche Daten über den Zustand und die Änderungen der Umwelt sowie die Quellen derartiger Änderungen zur Verfügung stehen, die eine objektive Beurteilung der Situation ermöglichen und die Planung von Maßnahmen zur weiteren Gestaltung der Umwelt unterstützen werden.

### *2.4. Navigation und Geodäsie*

Hinsichtlich der Nutzung kosmischer Systeme für die Navigation wird in der DDR bisher keine aktive Forschung betrieben. Jedoch sind bereits zahlreiche Schiffe der Hochseefischerei und der Seehandelsflotte der DDR mit entsprechenden Navigationsgeräten ausgerüstet.

Die Positionsbestimmung mit Hilfe von Navigationssatelliten ist wesentlich schneller und genauer, als sie mit klassischen Navigationsverfahren erreichbar ist. Vorerst sind das Systeme der USA. Ein entsprechendes System, der UdSSR befindet sich im Aufbau. Die AdW der DDR, speziell das ZIPE, beteiligt sich an dazu erforderlichen wissenschaftlichen Vorarbeiten. Diese betreffen vor allem die Einrichtung und Unterhaltung des Bezugssystems für die Bahnbestimmung der Satelliten mit der erforderlichen Genauigkeit.

Das Zentralinstitut für Physik der Erde (ZIPE) kann dabei auf nahezu drei Jahrzehnte umfassende erfolgreiche Forschungstätigkeit auf dem Gebiet der Satellitengeodäsie aufbauen, die sowohl im Interkosmos-Programm und in der Zusammenarbeit der Geodätischen Dienste als auch in der entsprechenden weltweiten Zusammenarbeit eingebunden ist und geschätzt wird. Im Ergebnis dieser Arbeiten verfügt das ZIPE über zwei selbst entwickelte leistungsfähige Bodenstationen (in Potsdam und in Santiago de Cuba) zur Messung der momentanen Entfernung zwischen Station und Satellit mit Hilfe der Laser-Technik. Im ZIPE wurde des weiteren ein Programmpaket zur geodätischen Auswertung analoger Meßwerte entwickelt, die im Rahmen der weltweiten Zusammenarbeit erreichbar sind. Mit Hilfe dieses Programmpakets ist es möglich, nicht nur die Figur und das Schwerefeld der Erde, sondern auch deren geodynamisch bedingte Änderungen zu bestimmen. Diese Arbeiten werden über die wissenschaftliche Zielstellung hinaus seit 1988 routinemäßig für die Überwachung des Rotationsverhaltens der Erde und damit zur höchstpräzisen Zeitbestimmung verwendet.

## 3. Technisch-technologische Forschungen

Es wurde bereits mehrfach hervorgehoben, daß Kosmosforschung mit Aussicht auf Erfolg nur als Einheit von naturwissenschaftlich-methodischen und technisch-technologischen Forschungen betrieben werden kann und daß die Nutzung der kosmischen Systeme nur möglich ist, wenn die erforderlichen Geräte und Ausrüstungen verfügbar sind und eingesetzt werden können.

In Verbindung mit den bisher beschriebenen Richtungen der Kosmosforschung, die zur Lösung volkswirtschaftlicher Aufgaben der DDR betrieben werden, haben sich folgende technisch-technologische Forschungsgebiete als für die DDR besonders erforderlich und effektiv herausgestellt. Auf diesen Gebieten wird auch tatsächlich intensiv hard- und software-seitig gearbeitet. Es sind das:

1. Spektroradiometrie
2. Optoelektronik

3. Telemetrie von Massendaten
4. Bildverarbeitung

Mit den auf diesen Gebieten angestrebten wissenschaftlich-technischen Ergebnissen sind in jedem Fall extreme Leistungsanforderungen zu erfüllen. Diese betreffen vor allem das Masse-Leistung-Verhältnis, die Energieaufnahme, die Zuverlässigkeit, die Funktionssicherheit bei großen mechanischen, thermischen und Strahlungsbelastungen sowie den Automatisierungsgrad, Fernbedienung und eine hohe Datenübertragungsrate werden gefordert. In den beteiligten Einrichtungen liegen auf allen diesen Gebieten große Erfahrungen vor, und sie unterhalten auch effektive Kooperationsbeziehungen zu anderen Einrichtungen, die ähnliche Anforderungen (total oder partiell) zu erfüllen haben.

In diesem Beitrag kann auf die technologischen Ergebnisse, die im Rahmen der Kosmosforschung auf den genannten Forschungsgebieten erreicht worden sind und auch auf die dabei weiter anstehenden Aufgaben nicht eingegangen werden. Dazu müßten die entsprechenden Spezialisten sich äußern.

Unterstrichen werden soll an dieser Stelle lediglich, daß die oben genannten technischen Gebiete im Rahmen der Kosmosforschung nicht nur unter dem Aspekt ihrer volkswirtschaftlichen Nutzung beobachtet werden, sondern daß die wissenschaftliche Nutzung kosmischer Systeme unter Anwendung dieser Ergebnisse der technischen Forschungen auch die Voraussetzungen schafft für die Verfolgung von vorerst noch rein wissenschaftlichen Richtungen der Kosmosforschung.

## 4. Nutzung kosmischer Systeme für rein wissenschaftliche Aufgaben

Zu diesen Richtungen zählen 1. die Nutzung von künstlichen Erdsatelliten für astronomische und astrophysikalische Forschungen, 2. die Verwendung von Raumsonden für die Erforschung der Sonne und der Heliosphäre, der Planeten und der weiteren Körper sowie des Plasmas im interplanetaren Raum unseres Sonnensystems und schließlich 3. die Verwendung von künstlichen Erdsatelliten für die Erkundung und Überwachung der physikalischen Bedingungen und Prozesse im erdnahen Teil des Weltraumes, der zum Einflußbereich der Erde selbst gehört und von den Vorgängen auf der Sonne beeinflußt wird (Magnetosphäre).

Die wissenschaftlichen Arbeiten, insbesondere in den beiden erstgenannten Richtungen, sind bis in die jüngste Zeit und sicher auch zukünftig sämtlich durch Spitzenleistungen im wissenschaftlichen Gerätebau und der Kosmostechnik generell gekennzeichnet und werden auf absehbare Zeit ausschließlich mit dem Ziel durchgeführt, wissenschaftliche Entdeckungen prinzipieller Art zu erzielen. Unübersehbar ist das Bestreben aller aktiven Länder nach internationaler Zusammenarbeit. Die UdSSR bietet jedem aktiv interessierten Land die gleichberechtigte Teilnahme an.

### *4.1. Erforschung der Hochatmosphäre und Magnetosphäre der Erde sowie der solar-terrestrischen Beziehungen, kosmischen Plasmaphysik*

International gesehen sind seit längerem die Atmosphäre und die sich anschließende Umgebung der Erde in ihren Grundzügen gut bekannt. Als in vielerlei Hinsicht wichtige Grenzschicht hat sich die Mesopause in etwa 80 bis 90 km Höhe über der Erdoberfläche herausgestellt. Man könnte sie als Grenze zum erdnahen Weltraum ansehen, obwohl eine völkerrechtlich verbindliche Festlegung dazu nicht existiert. Unterhalb der Mesopause liegt die mittlere Atmosphäre, die ihre Existenz dem Vorhandensein des Sauerstoffs in der Erdatmosphäre verdankt und eine wichtige Rolle bei der Übergabe der solaren Strahlungsenergie an die Atmosphäre spielt. Oberhalb der Mesopause beginnt die obere Atmosphäre, in der die Ionisationsdichte ihr Maximum hat, gefolgt von der äußeren Atmosphäre, in der der Einfluß des Schwerefeldes auf die Gasteilchen unwesentlich wird, und der Magnetosphäre, in der das in diesem Gebiet vorhandene Gas vollständig ionisiert ist. Die Magnetosphäre ist ein äußerst dynamisches Gebiet; die Struktur und die dort ablaufenden Prozesse werden vollständig durch die Wechselwirkung zwischen dem Erdmagnetfeld und dem Sonnenwind bestimmt. In der Magnetosphäre vollzieht sich die Übergabe der Energie von der solaren Teilchenstrahlung an die Erdatmosphäre.

Im kosmischen Programm der UdSSR wird diese gesamte Problematik intensiv bearbeitet. Gegenwärtig werden mehrere große Projekte vorbereitet. An ihnen nehmen im Rahmen des Interkosmos-Programmes mehrere Länder des RGW und darüber hinaus im Rahmen spezieller Vereinbarungen auch einige nichtsozialistische Länder sowie die ESA teil. Von den RGW-Länder ist dabei sehr stark die ČSFR eingagiert.

Das z. Z. bedeutendste Projekt ist „Interbol". Sein Start ist für 1990/91 vorgesehen. Es dient der Erforschung der physikalischen Mechanismen, die für die Übertragung der Energie des Sonnenwindes an die Magnetosphäre der Erde, deren Speicherung in der Magnetosphäre und die nachfolgende Umwandlung dieser Energie in den Polarlichtgebieten der Magnetosphäre, der Hohen und der Mittleren Atmosphäre während der magnetosphärischen Stürme sorgen.

Von unserer AdW beteiligt sich das Heinrich-Hertz-Institut für Atmosphärenphysik und Geomagnetismus (HHI) mit einer Plasmasonde auf der „Schweif-Sonde" zur Messung der Fluktuationen des Flusses thermischer Elektronen und Ionen.

Vorbereitet ist auch die Beteiligung der DDR an den beiden Projekten

„Aktivny" (Start 1989) und „Apex" (Start 1990). Bei beiden Projekten sollen Plasmaerscheinungen im erdnahen Weltraum künstlich erzeugt werden. Bei dem Projekt „Apex" werden vom Satelliten aus Elektronen- und Plasmabündel in die Magnetosphäre bzw. die Ionosphäre eingeschossen und dadurch künstliche Polarlichter erzeugt. Beim Projekt „Aktivny" werden vom Satelliten aus VLF-Wellen in die Magnetosphäre injiziert. Es interessiert deren Ausbreitung und ihr Zusammenwirken mit den energetischen Teilchen der Strahlungsgürtel. Außerdem werden ein Plasmastrahl und Neutralgas injiziert. Bei beiden Projekten beteiligt sich das IKF mit Langmuir-Sonden zur Bestimmung der Elektronentemperatur, der Elektronen- und der Ionenkonzentration. Auf dem Gebiet der Konstruktion, des Baues und des Einsatzes von Langmuir-Sonden hat das IKF eine lange Tradition und große, international sehr geschätzte Erfahrungen, so daß wir mit diesem gefragten Standardgerät Partner für die verschiedenartigsten Projekte sein können.

Trotz der geringen gerätetechnischen Beteiligung werden die zu erwartenden Meßdaten der drei Projekte den interessierten Forschungsgruppen der DDR (im IKF, im HHI und im Zentralinstitut für Astrophysik (ZIAP)) zur Auswertung und theoretischen Interpretation vollständig zur Verfügung stehen.

Die Erforschung der Magnetosphäre der Erde und der solarterrestrischen Beziehungen ist international und ebenso bei unseren Forschungsgruppen auf die Lösung der konkreten geophysikalischen Probleme gerichtet. Die dabei anstehenden Aufgaben haben darüber hinaus prinzipielle Bedeutung für die Physik kosmischer Plasmen und die Plasmaphysik generell. Physikalisch gesehen handelt es sich dabei um die Untersuchung stößefreier Plasmen in magnetischen und elektrischen Feldern und deren Wechselwirkung.

Typische Fragen sind: Stoßfronten, Instabilitäten, Beschleunigungsprozesse, Mechanismen der Wellenerzeugung und -ausbreitung. Eine generelle Aufgabe der kosmischen Plasmaphysik ist die Untersuchung von Strukturen und Prozessen an Grenzflächen, die Gebiete mit verschiedenen charakteristischen Eigenschaften des stößefreien Plasmas voneinander trennen.

Von den Forschungsgruppen in unserer AdW sind in die internationale Diskussion auf diesem Gebiet in jüngster Zeit vor allem zu zwei Fragen wesentliche theoretische Beiträge eingebracht worden: zur Erklärung des Mechanismus der Energieübertragung aus dem Sonnenwind in die Erdmagnetosphäre durch Verschmelzung (Reconnection) von Magnetfeldern und zum anderen zur gasdynamischen Modellierung der Umströmung einer Neutralgaswolke durch den Sonnenwind (letzteres zur theoretischen Vorbereitung und Auswertung der Experimente zum Kometen Halley sowie der Projekte „Aktivny" und „Apex"). Unsere Gruppen verfügen über gute Beziehungen zu den international führenden Zentren und haben dadurch die Möglichkeit, aktiv an den jeweils aktuellen Untersuchungen zur kosmischen Plasmaphysik teilzunehmen.

### *4.2. Erforschung der Planeten: Venera 15 und 16, VEGA-Projekt, Phobos-Projekt, Mars-94*

Ebenso wie die kosmische Plasmaphysik hat auch die Planetenforschung mit Beginn der kosmischen Ära ihren Charakter grundsätzlich gewandelt. Sie ist aus dem Verband der Astronomie herausgetreten und zu einer relativ selbständigen Disziplin geworden. Wesentliche Ergebnisse können wie bei der kosmischen Plasmaphysik nur noch bei Einsatz kosmischer Mittel und Systeme erreicht werden, mit deren Hilfe Beobachtungen und Messungen in unmittelbarer Nähe der Planeten, ihrer Monde und der anderen Körper im Sonnensystem möglich sind.

Nach den ersten sondierenden Untersuchungen an allen Planeten und ihren Satellitensystemen, nach der intensiven Erforschung des Mondes und der Venus zeichnen sich international als Schwerpunkte der direkten Erforschung des Planetensystems seit Mitte der 80er Jahre die Kleinkörper (Kometen, Planetoiden) und der Planet Mars mit seinen beiden Monden Phobos und Deimos ab.

Einrichtungen der DDR beteiligten sich erstmals im Jahre 1983 mit eigenen Geräten auf einer entsprechenden Raumsonde an der Erforschung eines anderen Planeten als der Erde, und zwar durch Einsatz von im IKF unter Mitwirkung weiterer Institute entwickelten und gebauten Infrarot-Fourier-Spektrometern auf den beiden sowjetischen Sonden VENERA 15 und 16. Das entsprechende Angebot hatte die AdW der DDR von der AdW der UdSSR dank der erfolgreichen Experimente erhalten, die mit Infrarot-Fourier-Spektrometern auf „Meteor"-Satelliten zur Bestimmung von Parametern der Erdatmosphäre in den Jahren 1977 bis 1979 durchgeführt worden waren. Die erzielten Daten sind im HHI unter Mitwirkung von Wissenschaftlern aus dem Meteorologischen Dienst der DDR eingehend ausgewertet worden. Die Ergebnisse sind auf internationalen Tagungen vorgetragen und inzwischen vollständig veröffentlicht worden, so daß hier wenige Hinweise genügen sollen.

Die auf VENERA 15 und 16 eingesetzten Geräte stellten wesentliche Weiterentwicklungen der auf den „Meteor"-Satelliten eingesetzten Geräte dar und können als Spitzenleistung des kosmischen Gerätebaus zum Zeitpunkt ihres Einsatzes bezeichnet werden. Sie haben alle an sie gestellten Anforderungen erfüllt. Die gemessenen Interferogramme wurden bereits an Bord in Echtzeit in Spektren umgerechnet. Die Bahnen der beiden Sonden verliefen nahezu über den Nordpol des Planeten. Messungen erfolgten fast bis zum Äquator. Insgesamt wurden für rund 6800 Meßpunkte Spektren für den Wellenlängenbereich von 6 bis 38 m gewonnen. Sie ermöglichen Aussagen über die Infrarot-Ausstrahlung der Venus-Atmosphäre in Abhängigkeit von der Breite. Die eingehende Interpretation bestätigte bisherige und lieferte neue Erkenntnisse über die Temperatur- und die Wolkenstruktur sowie über die Zusammensetzung der Venus-Atmosphäre. Das unikale Datenmaterial und die erfolgte ausführliche Auswertung wurden international mit großem Interesse aufgenommen. Die AdW der UdSSR hat unserer AdW in Würdigung der erreichten Leistungen angeboten, sich mit ähnlichen Experimenten am neuen kosmischen Programm der UdSSR, Mars-94, zu beteiligen.

Einen anderen Charakter als die soeben skizzierte erstmalige Teilnahme an einem sogenannten Tiefraumprojekt hatte die Mitwirkung am sowjetischen VEGA-Projekt, das mit breiter internationaler Beteiligung durchgeführt wurde und seine „heiße Phase" im März 1986 mit der größten Annäherung der beiden VEGA-Sonden an den Kometen Halley hatte. Die Flugbahn der beiden Sonden war so ausgewählt worden, daß sie zuerst zur Venus flogen und dort spezielle Aufgaben zur Erforschung der Venus ausführen konnten. Die Hauptaufgabe des Projektes war jedoch die Gewinnung von Fernsehaufnahmen vom Kern des Kometen Halley aus einer Entfernung von etwa 5000 km und von Messungen zum Einfluß des Kometen auf den Sonnenwind. Seitens der DDR konnten wesentliche gerätetechnische Beiträge zum Aufbau des Labors für die operative Bildbearbeitung im Empfangszentrum in Moskau geleistet werden. Diese Beiträge berechtigten das IKF zum sofortigen Zugriff auf die einlaufenden Bilddaten und auch zur frühzeitigen Übernahme der weiteren Meßdaten für die theoretische Auswertung. Auf diese Weise konnte auch die Mitwirkung an den wissenschaftlichen Diskussionen zum Gesamtprojekt erreicht werden.

Die wichtigsten vom IKF erzielten Ergebnisse kann man etwa wie folgt zusammenfassen: Durch Anwendung ausgefeilter Verfahren zur Bildverarbeitung wurde gezeigt, daß der Kern des Kometen aus relativ großen Baustücken zusammengesetzt ist. Die Grenzen sind Zonen erhöhter Ausgasung. Die Aktivität wird durch thermomechanische Spannungen verursacht, wie entsprechende Modellrechnungen zeigten. Die Ergebnisse können genetisch in der Weise gedeutet werden, daß der Komet durch sanften Zusammenstoß von kleinen Blöcken gebildet wurde, was nur in größerem Abstand von der Sonne möglich ist. Mit diesen Aussagen konnte ein vielbeachteter Beitrag zur vergleichenden Planetologie und speziell zu den Vorstellungen über die Entstehung und Entwicklung der Planeten geleistet werden.

An dieser Stelle sollen erste Ergebnisse unserer Mitwirkung am bisher unvollendet gebliebenen sowjetischen Projekt „Phobos" vorgestellt werden.

Dieses Projekt wurde mit breiter internationaler Beteiligung vorbereitet und durchgeführt. Unsere Mitwirkung am Projekt „Phobos" stellte die bisher umfangreichste Beteiligung der DDR an einer Tiefraum-Mission dar.

Das Phobos-Projekt zielte auf die Erforschung von vier unterschiedlichen Objekten bzw. Phänomenen: auf die Erforschung des inneren Mars-Mondes Phobos, des Planeten Mars, der Sonne und des Sonnenwindes ab. Trotz des vorzeitigen Endes der Projekte wurden wenigstens zu den letzten 3 Punkten wesentliche neue Ergebnisse erzielt. Die DDR war hardwareseitig mit 3 Experimenten beteiligt, von denen 2 zu interessanten neuen Erkenntnissen führten und die Leistungsfähigkeit der DDR bewiesen, während das Flugzeit-Massenspektrometer, des vorzeitigen Abbruchs des Projektes wegen, nicht zum Einsatz kam.

Zu den wichtigsten Experimenten des gesamten Projektes gehörte das Experiment FREGAT. Seine Aufgaben waren die Aufnahme, Zwischenspeicherung und Übersendung von Bilddaten und Spektren von Mars und Phobos zur Erde. Dieses Experiment wurde von der UdSSR, Bulgarien und der DDR getragen. Unser Hauptbeitrag war die Bereitstellung des 200 MByte-Bildspeichers R3m durch das Zentralinstitut für Kybernetik und Informationsprozesse (ZKI). Der R3m wird für Aufgaben der digitalen Videodatenspeicherung als hochkapazitiver Magnetbandspeicher mit höchster Flächenspeicherdichte eingesetzt, und er erfüllte alle Anforderungen an den Tiefraumeinsatz für wissenschaftliche Geräte nach Interkosmos-Bedingungen Der R3m-Speicher, mit seinem Kontroll- und Prüfgerät als kleines bildverarbeitendes System auf Basis des PC 1715 mit Graphiksteuerung, stellte eine beachtliche Leistung innerhalb des international ausgerichteten Phobosprojektes dar. Die bisher leistungsfähigsten Bildspeicher für Tiefraummissionen aus den USA besaßen je 17,5 MByte Speicherkapazität, die für die Aufgaben der Phobosmission nicht ausgereicht hätten.

Bei der Fertigung und Prüfung des R3m waren das Zentrum für wissenschaftlichen Gerätebau (ZWG), IKF und Dienstleistungseinrichtung Adlershof (DLE) der AdW und die Magnetbandfabrik Dessau sowie das Rundfunk- und Fernsehtechnische Zentralamt (RFZ) der Deutschen Post beteiligt. Die Bilder, die bis zum Abbruch der Mission übermittelt und dann bearbeitet wurden, zeigen die hohe Leistungsfähigkeit des Gerätes.

Das andere, für uns sehr erfolgreiche Experiment, war das FLUX-Gate-Ringkern Magnetometer FGMM1. Es stellt für die DDR den Einstieg in die kosmische Magnetometrie schwacher Felder dar und hat seine Leistungsfähigkeit glänzend unter Beweis gestellt. Das FGMM1 hat ein aus 3 Komponenten bestehendes orthogonal angeordnetes Sensorsystem und gestattet in Verbindung mit einer rauscharmen analogen Signalverarbeitungselektronik die Messung von Magnetfeldern im Bereich + 100 nT bei einem Eigenrauschen des Meßsystems von $5 pT/\sqrt{Hz}$ im Frequenzbereich von 0,01 bis 30 Hz. Mit dem Gerät wurden seit dem Start von „Phobos 2" am 12. Juli 1988 kontinuierliche Meßdaten auf der Trasse zum Mars und im Marsorbit gemessen und für eine weitere wissenschaftliche Bearbeitung aufbereitet.

Folgende Entdeckungen wurden in Auswertung der Meßdaten des FGMM1 gewonnen:

1. Bestimmung der Lage (Existenz) der terrestrischen Magnetopause und der bow shock

2. Nachweis der Existenz des terrestrischen magnetischen Schweifes in 3600 $R_E$ (erstmalig in dieser Entfernung)

3. Es wurden aktive solare Prozesse im Sonnenwind erfaßt.

4. Gemeinsam mit österreichischen Wissenschaftlern, die ebenfalls ein Magnetometer auf „Phobos 2" installiert hatten, wurde die Lage und Form der bow shock aus etwa 100 Orbits präzisiert und ihre Abhängigkeit vom Sonnenwind erfaßt.

5. Entdeckt wurde eine magnetische Grenzschicht in etwa 900 km Höhe über dem Mars.

6. Erstmalig wurde ein ruhiges Magnetfeld innerhalb dieser Grenzschicht nachgewiesen, welches sich in den Schweif fortsetzt.

7. Erstmalig gelangen ausführliche und systematische Messungen im Schweif.

8. Aus den Daten konnte die Dipolstruktur des Marsmagnetfeldes mit einem Dipolmoment von $0{,}7 \cdot 10^{22}$ G $cm^3$ und einer Neigung von $64^{\circ}$ abgeleitet werden.

9. Aus der Entdeckung der Rotationsperiode des Mars in den Magnetfelddaten der Schweifdurchgänge kann sehr zwingend auf die Existenz eines „internen" Anteils des Marsmagnetfeldes geschlossen werden.

10. Die Stärke des so vermuteten Oberflächenfeldes liegt zwischen 20 und 30 nT.

Schon aus diesen bisher vorliegenden Resultaten ergibt sich, daß die DDR-Beteiligung am Phobos-Projekt insbesondere für die Plasmaphysik sehr wertvolle Ergebnisse geliefert hat.

Das nächste große sowjetische Projekt auf dem Gebiet der Planetenforschung wird das Projekt „Mars-94" sein, welches mit breiter internationaler Beteiligung gestaltet wird. Das Projekt Mars-94 wird wiederum in komplexer Weise eine Vielzahl von Experimenten umfassen, die auf die eingehende Untersuchung des Planeten, seiner Oberfläche, seiner Atmosphäre ausgerichtet sind. Es wird das Magnetfeld in Verbindung mit den relevanten Fragen der kosmischen Plasmaphysik untersucht werden. Das ursprünglich vorgesehene Mars-Mobil soll erst bei einem späteren Projekt eingesetzt werden. Vom Satelliten sollen Ballons ausgestoßen werden, die auf die Marsoberfläche absinken. Es werden mehrere kleine Stationen abgesetzt. Die Mitwirkung der DDR an der gerätetechnischen Ausrüstung konzentriert sich auf drei Komplexe:

1. einen optoelektronischen Weitwinkel-Stereo-Scanner (WAOSS) zur Gewinnung von Bilddaten von der Atmosphäre und der Oberfläche des Mars im sichtbaren Licht. Damit wird es möglich, die Rolle des Gehaltes an kondensiertem Wasser und an Staub in der Marsatmosphäre und die Änderungen der Albedo der Marsoberfläche zu untersuchen.

2. ein Planeten-Infrarot-Spektrometer zur Sondierung der atmosphärischen Parameter des Mars,

3. ein Fluxgate-Magnetometer mit ähnlichen Aufgaben wie im Phobos-Projekt.

Bei diesen Beiträgen werden maximal die bisher in den Einrichtungen der DDR vorliegenden Erfahrungen und Möglichkeiten genutzt. Sie ermöglichen in effektiver Weise die weitere Teilnahme am internationalen Wissensfortschritt, der im bevorstehenden Jahrzehnt vor allem im Hinblick auf den Mars angestrebt wird. Der Mars ist derjenige Planet, der der Erde am ähnlichsten ist und wäre nach dem Erdmond als erster Planet für einen unmittelbaren Besuch durch den Menschen erreichbar.

### 4.3. *Astrophysikalische Forschungen*

Der größte Zuwachs an physikalischem Grundlagenwissen ist in den nächsten Jahrzehnten auf zwei Gebieten zu erwarten, die sich zudem stark sowohl in ihren experimentellen Möglichkeiten als auch in ihren theoretischen Modellen und Methoden durchdringen: die Hochenergie-Elementarteilchenphysik und die Astrophysik. Deshalb soll hier noch kurz auf die Möglichkeiten eingegangen werden, die wir in der DDR für die Teilnahme an der Nutzung kosmischer Systeme für astronomische und astrophysikalische Forschungen haben.

Im internationalen Rahmen gesehen, werden seit den 70er Jahren extraterrestrische Beobachtungsplattformen systematisch genutzt. Damit konnten die Störungen durch die Erdatmosphäre ausgeschaltet werden, und es wurden Beobachtungen im infraroten, ultravioletten, Röntgen- und Gamma-Bereich der elektromagnetischen Strahlung möglich. Es konnte das geometrische Auflösungsvermögen im optischen Bereich besonders zugunsten astrometrischer Aufnahmen erhöht und die Basislängen für die Radiointerferometrie wesentlich vergrößert werden. Es sind dabei zahlreiche neuartige Phänomene entdeckt worden, die die Astronomie und Astrophysik wesentlich erweitert und neue grundlegende Fragen in der Physik aufgeworfen haben.

Unsere Astronomen und Astrophysiker haben diese Entwicklung aufmerksam verfolgt; gelegentlich haben sie entsprechende Beobachtungen erhalten und theoretisch verarbeiten können. An aktiven Projekten waren wir bisher praktisch nicht beteiligt, einfach weil unsere ökonomischen und technischen Möglichkeiten dadurch weit überschritten waren. In jüngster Zeit bieten sich jedoch im kosmischen Programm der UdSSR einige Möglichkeiten, die für uns erreichbar erscheinen. Sie werden zur Zeit auf ihre Realisierbarkeit geprüft. Gute Aussichten hat das Projekt, ein optisches Weitwinkelteleskop zu entwickeln, das auf einem Modul der Orbitalstation MIR stationiert wird. Es würde die Untersuchung der großräumigen Materieverteilung im Kosmos ermöglichen. Sehr bedeutsam ist ein weiteres astronomisches Projekt, das auf die Schaffung eines Kataloges mit Sternkoordinaten höchster Präzision ausgerichtet ist.

Diskutiert wird weiterhin die Beteiligung an einem Projekt der UV-Astrophysik und einem weiteren zur Röntgen- und Gamma-Astrophysik.

### 4.4. *Mikrogravitationsforschung*

Mit einigen kurzen Anmerkungen sollen am Schluß die weiteren Richtungen der Kosmosforschung genannt werden, die ebenfalls im Programm Interkosmos enthalten sind. Es sind das die kosmische Medizin sowie die Mitwirkung an der bemannten Raumfahrt. In allen diesen Richtungen gab und gibt es mehr oder weniger beachtliche Aktivitäten seitens der DDR. Der Beginn und zugleich absolute Höhepunkt in allen diesen Richtungen war der Einsatz des Fliegerkosmonauten der DDR, Sigmund Jähn, im September 1978 in Salut 6. Die für ihn und seine sowjetischen Kollegen vorbereiteten Experimente wurden sämtlich durchgeführt und von den betreffenden wissenschaftlichen Einrichtungen der DDR vollständig ausgewertet. Die Ergebnisse wurden veröffentlicht.

Seither sind seitens der DDR weitere Experimente einschließlich der zugehörigen Geräte vorbereitet und den verantwortlichen sowjetischen Partnern übergeben worden. Die Ergebnisse liegen zumeist noch nicht vor.

In Auswertung der Literatur und der Informationen aus der Zusammenarbeit im Rahmen der zuständigen ständigen Arbeitsgruppen zum Interkosmos-Programm kann man generell feststellen, daß die Untersuchungen zu den Problemen unter den Bedingungen der Mikrogravitation nur langsam vorankommen und praktische Anwendungen sich noch nicht abzeichnen. Der Bereich der erkundenden Grundlagenforschung wurde dabei noch nicht verlassen.

Eine große praktische Bedeutung besitzen dagegen die Arbeiten zur kosmischen Medizin, vor allem natürlich für die Weiterentwicklung der bemannten Raumfahrt, die in der UdSSR und zunehmend auch in anderen Ländern systematisch vorangetrieben wird. Wir denken z. Z. intensiv darüber nach, ob und wann sich ein weiterer Bürger der DDR an der bemannten Raumfahrt beteiligen sollte.

## 5. Zusammenfassung und Schlußfolgerungen

1. Die Analyse der bisherigen Entwicklung und des erreichten Standes zeigt, daß sich zahlreiche Einrichtungen in der DDR seit Jahren ökonomisch, technisch und wissenschaftlich nutzbringend an der Erforschung und friedlichen Nutzung des Weltraumes beteiligen.

2. Es werden in beachtlichem Maße wissenschaftliche Arbeiten zur Kosmosforschung (im weitesten Sinne) durchgeführt, die darauf gerichtet sind, den erreichten Stand zu halten und die Nutzung kosmischer Mittel für Volkswirtschaft und Wissenschaft weiter auszubauen. Dabei wird die internationale Forschungskooperation vor allem mit der UdSSR zielstrebig genutzt.

3. Es ist offensichtlich, daß eine zielstrebige Erweiterung der Kooperation mit der UdSSR damit verbunden sein muß, den Nutzen für die DDR weiter zu erhöhen. Dazu ist es erforderlich, daß die Beiträge der relevanten Bereiche der Industrie und der staatlichen Dienste der DDR in direkter und indirekter Form zu erweitern sind.

4. Auf allen Teilgebieten der Kosmosforschung und Kosmosnutzung erweist es sich als unumgänglich, die speziellen kosmischen Mittel und Methoden eng mit den konventionellen erdgebundenen Mitteln und Methoden zu verbinden.

5. Die vorliegenden Erfahrungen zeigen, daß die effektive Teilnahme an der Kosmosforschung und Kosmosnutzung einen hohen wissenschaftlich-technischen Leistungsstand der gesamten Volkswirtschaft voraussetzt. Die ökonomischen, technisch-technologischen und wissenschaftlichen Gewinne, die die entsprechenden Bereiche aus der Nutzung kosmischer Mittel ziehen können, sind um so größer, je mehr sie die Bereitschaft und die Fähigkeit entwickeln, ihre traditionellen Technologien durch Anwendung der Schlüsseltechnologien zu verbessern.

## Danksagung

Bei der Vorbereitung des Vortrages und der Veröffentlichung wurde der Autor von zahlreichen Kollegen unterstützt. Besonderer Dank für die Bereitstellung von Ergebnissen gebührt:
D. Felske, R. Joachim, R. Krönert, D. Möhlmann, H. Montag, D. Oertel, K. Sauer, K. Schäfer, G. Zimmermann und ihren Arbeitskollektiven.

## Literaturhinweise

Detaillierte Aussagen können folgenden Literaturhinweisen entnommen werden:

Astronomie und Raumfahrt 25 (2), 1987

Dieses Heft enthält einen Überblick über die 20jährige Beteiligung der DDR am Interkosmos-Programm.
Die Schwerpunkte sind: Kosmische Physik, Kosmische Meteorologie, Kosmische Nachrichtenverbindungen, Kosmische Biologie und Medizin, Fernerkundung der Erde und der erste bemannte Weltraumflug UdSSR–DDR.

Zur Fernerkundung:

Abschlußbericht über das aerokosmische Experiment „GEOEX-86", Institut für Geographie und Geoökologie, Leipzig 1988
Dieser in russisch vorliegende Abschlußbericht ist eine Veröffentlichung der Arbeitsgruppe sozialistischer Länder für Fernerkundung im Rahmen des Programms Interkosmos.

Zum VEGA-Projekt:

- Image Processing of VEGA-TV Observations, ESA-SP 250, 1986
- E. Kührt, D. Möhlmann: Comet Nucleus Models, Adv. Space Res. 9 (3), 1989

Zum Phobos-Projekt:
- D. Möhlmann: Magnetic Fields near Mars – First Results Nature 1989 (in press)

Zur Kosmischen Meteorologie:

Bettac, H.-D; Klähn, D.; Landrock, R.; Schwarz, I.; Skottke, H.-J. Die modulare Wetterbildempfangsstation WES-3, Veröffentlichungen des Zentralinstituts für Physik der Erde Nr. 93/II, S. 363
Bettac, H.-D. u. a. Empfangstrakt der modularen Wetterbildempfangs- und Verarbeitungsstation WES-3, Nachrichtentechnik/Elektronik Bd. 38, 1988, Nr. 12, S. 342

Bei Fragen zur Produktsicherheit wenden Sie sich bitte an:
If you have any questions regarding product safety,
please contact:

Walter de Gruyter GmbH
Genthiner Straße 13
10785 Berlin
productsafety@degruyterbrill.com